目 次

前　言

本标准按照GB/T 1.1—2009《标准化工作导则　第1部分：标准的结构和编写》给出的规则起草。

本标准附录A～附录C均为资料性附录。

本标准由中国地质灾害防治工程行业协会(CAGHP)提出并归口管理。

本标准起草单位：中国自然资源经济研究院、四川省冶勘设计集团有限公司、四川省地质工程勘察院、中国科学院武汉岩土力学研究所、陕西国土测绘工程院有限公司、中国科学院水利部成都山地灾害与环境研究所、西北综合勘察设计研究院、中国建筑材料工业地质勘查中心、中国地质调查局西安地质调查中心、青海省水文地质工程地质勘察院。

本标准主要起草人：冯春涛、肖建兵、侯冰、林燕华、孙婧、余振国、宫自强、许雪飞、任伟中、陈浩、闫兴愿、王小农、农光照、陈晓清、赵万玉、徐友宁、廖志清、童亚妮、彭亮、覃浩坤。

本标准由中国地质灾害防治工程行业协会负责解释。

引　言

本标准旨在帮助地质灾害勘查工作实施主体合理界定地质灾害勘查过程中的各阶段费用支出，增加地质灾害勘查预算编制工作的针对性、科学性和准确性，实现地质灾害防治行业的健康发展、可持续发展。

本标准是根据原国土资源部《关于修订和编制地质灾害防治行业标准工作的公告》〔2013〕(第12号文)的要求，由中国地质灾害防治工程行业协会会同中国自然资源经济研究院及有关的勘查、设计、研究和教学单位组成编制组共同完成。编制过程中，编制组在全国范围内广泛征求意见，并与有关标准进行了对接；进行了专题研究和调研，吸纳了最新科研成果。经多次讨论、修改和补充完善，最终经审查定稿。

地质灾害勘查预算标准(试行)

1 范围

本标准可作为勘查人根据发包人的委托,收集已有资料、现场勘查、制定勘查纲要,进行测量、调查与测绘、勘探、取样、试验、监测、检测、物探等勘查作业,以及编制工程勘查文件等的预算依据。

2 规范性引用文件

下列文件对于本标准的应用是必不可少的。凡是注明日期的引用文件,仅所注日期的版本适用于本标准。凡是不注日期的引用文件,其最新版本(包括所有的修改单)适用于本标准。

GB 12329—90 岩溶地质术语
GB/T 14157—93 水文地质术语
GB/T 14498—93 工程地质术语
GB/T 32864—2016 滑坡防治工程勘查规范
GB 50021—2001 岩土工程勘察规范(2009 版)
DZ/T 0219—2006 滑坡防治工程设计与施工技术规范
DZ/T 0220—2006 泥石流灾害防治工程勘查规范
DZ/T 0221—2006 崩塌、滑坡、泥石流监测规范
DZ/T 0222—2006 地质灾害防治工程监理规范
DZ 0238—2004 地质灾害分类分级(试行)
DZ/T 0261—2014 滑坡崩塌泥石流灾害调查规范(1∶50 000)
DZ/T 0262—2014 集镇滑坡崩塌泥石流勘查规范
DZ/T 0284—2015 地质灾害排查规范
DB 50/143—2003 地质灾害防治工程勘察规范

3 总则

3.1 勘查项目预算构成

采取实物工作量定额计费方法计算,由实物工作预算和技术工作预算两部分组成。

3.2 勘查(含工程)预算标准计算方法

勘查预算=勘查预算基准价×(1±浮动幅度值);
勘查预算基准价=勘查实物工作预算+勘查技术工作预算;
勘查实物工作预算=勘查实物工作预算基价×实物工作量×附加调整系数;
勘查技术工作预算=勘查实物工作预算×技术工作预算比例。

3.3 勘查预算基准价

勘查预算基准价是按本预算标准计算出的勘查基准预算额，发包人和勘查人可以根据实际情况在规定的浮动幅度内协商确定工程勘查预算合同额。

3.4 勘查实物工作预算基价

勘查实物工作预算基价是完成每单位勘查实物工作内容的基本价格。勘查实物工作预算基价在相关章节的实物工作预算基价表中查找确定。

3.5 实物工作量

实物工作量由勘查人按勘查规范、规程的规定和勘查作业实际情况在勘查纲要中提出，经发包人同意后，在勘查合同中约定。

3.6 附加调整系数

附加调整系数是对勘查的自然条件、作业内容和复杂等级差异进行调整的系数。附加调整系数分别列于总则和各章节中。附加调整系数为两个或者两个以上的，将附加调整系数相加，减去附加调整系数的个数，加上定值 1 作为附加调整系数。

3.7 特殊情况附加调整系数界定

3.7.1 在气温(以当地气象台、站的气象报告为准)高于 35 ℃或者低于－10 ℃的条件下进行勘查作业时，气温附加调整系数为 1.2。

3.7.2 在海拔高程超过 2 000 m 地区进行勘查、检测、监测作业时，高程附加调整系数如下：

a) 海拔高程 2 000 m～3 000 m，为 1.1；

b) 海拔高程 3 001 m～3 500 m，为 1.2；

c) 海拔高程 3 501 m～4 000 m，为 1.3；

d) 海拔高程 4 001 m 以上的，高程附加调整系数由发包人与勘查人协商确定。海拔高程按勘查区域的平均高程计。

3.7.3 在地质灾害勘查应急抢险阶段，勘查预算附加调整系数如下：

a) 应急抢险阶段附加调整系数为 1.5；

b) 地质灾害应急抢险项目(阶段)是指突发地震或特大暴雨等因素诱发的地质灾害或以相关省份及主管部门下发的相关文件为准。

3.8 两个及两个以上勘查主体地质灾害勘查费用取值

地质灾害勘查由两个或者两个以上勘查人承担的，其中对项目勘查合理性和整体性负责的勘查人，按该项目勘查预算基准价的 5% 在其他勘查人所承担的项目费用中提取主体勘查协调费。

3.9 勘查预算基准价不涉及项目

勘查预算基准价不包括以下费用：办理勘查相关许可，以及购买有关资料费；拆除障碍物，开挖以及修复管线费；修通至作业现场道路，接通电源、水源以及平整场地费；勘查材料以及加工费；水上作业用船、排、平台费；勘查作业大型机具搬运费；青苗、树木以及水域养殖物赔偿费等。发生以上费用的，由发包人另行约定支付。

3.10 勘查组日、台班、技术咨询预算基价

测绘调查、监测，4 600元/(组·日)；无人机、三维激光扫描，9 200元/(组·日)；钻探，5 200元/(台·班)；物探，8 000元/(组·日)；查勘(含踏勘、验槽、验收)等技术咨询，1 000元/(人·日)

3.11 调价机制

本预算标准实行定期调价机制，5年为1个周期，自发布实施之日起，1个周期内价格不变，每个周期首年根据市场情况定期调整预算基价。

3.12 其他情况

3.12.1 本预算标准不包括本标准范围以外的其他服务预算。其他服务预算，国家有预算规定的，按规定执行；国家没有预算规定的，由发包人与勘查人协商确定。

3.12.2 鼓励单位采用新技术新方法开展技术作业，收费基准价不变。如发包方特殊需要采用相关新技术，应按增加的投入情况，加收费用。

3.12.3 勘查监理预算工作费用见中国地质灾害防治行业工程协会发布实施的《地质灾害治理工程监理预算标准》(T/CAGHP 015—2018)之"勘查监理服务取费"。

4 地质灾害测量

4.1 地质灾害测量技术工作预算标准

技术工作预算比例为22%。

4.2 地表测量

依据测绘工作内容、技术工艺条件和测区自然环境条件，地表测量复杂等级划分成简单、中等和复杂3类(表1)。地表测量实物工作预算基价见表2，地表测量实物工作预算附加调整系数见表3。

表1 地表测量复杂等级表

类别	简单	中等	复杂	适用项目
地形	起伏小或比高≤20 m的平原	起伏大但有规律，或比高在20 m～80 m之间的丘陵地区	起伏变化很大或比高≥80 m的山地	控制测量； 地形测量的一般地区及断面测量
通视	良好，隐蔽地区面积≤20%	一般，隐蔽地区面积在20%～40%之间	困难，隐蔽地区面积≥40%	地形测量的一般地区及断面测量； 控制测量三角测量； 控制测量GNSS测量； 控制测量图根点测量
	线路按硬化公路布设占全部线路比≥85%； 道路车辆行人稀疏	线路按道路布设占全部线路比在50%～85%之间； 道路车辆行人高峰期时间短暂，白天不超过2小时	线路按道路布设点占全部线路比≤50%； 道路车辆行人高峰期时间短暂	控制测量导线测量； 控制测量水准测量

表1　地表测量复杂等级表(续)

类别	简单	中等	复杂	适用项目
通行	较好,植物低矮,比高较小的梯田地区	一般,植物较高,比高较大的梯田,容易通过的沼泽或稻田地区	困难,密集的树林或荆棘灌木丛林、竹林,难以通行的水网稻田、沼泽、沙漠地,岭谷险峻、地形切割剧烈、攀登艰难的山区	地形测量的一般地区及断面测量
	车辆可以抵达点位≥85%	车辆可以抵达点位在45%~85%之间	车辆可以抵达点位≤45%	控制测量
地物	建筑物面积占总面积≤10%	建筑物面积占总面积在10%~25%之间	建筑物面积占总面积在≥25%	地形测量的一般地区及断面测量
	点位视野开阔,无高大建筑物	点位视野开阔,高大建筑物影响视线的范围≤30°	点位视野狭小,高大建筑物影响视线的范围≥30°	控制测量
	有一般地区特征,细部坐标点每格≤5;建筑物占图面积≤30%	有一般地区特征,细部坐标点每格≤8;建筑物占图面积在30%~50%之间	有一般地区特征,细部坐标点每格≥8;建筑物占图面积≥50%	地形测量的建筑群区

表2　地表测量实物工作预算基价表

序号	项目			计费单位	预算基价/元		
					简单	中等	复杂
1	控制测量	三角(边)测量	二等	点	11 981	18 708	27 825
			三等		7 651	11 990	17 012
			四等		4 042	6 119	8 512
			一级		1 855	2 683	3 767
			二级		1 673	2 420	3 398
		导线测量	三等	点	6 377	10 502	14 760
			四等		3 486	5 934	8 074
			一级		797	1 707	2 560
			二级		719	1 540	2 309
		水准测量	一等	km	2 389	2 852	3 263
			二等		1 542	2 179	3 228
			三等		1 359	1 829	2 548
			四等		1 101	1 537	2 244
			等外		880	1 230	1 795
			二等、三等、四等水准点选埋	点	433	637	820
		GNSS测量	C级	点	3 645	4 179	5 378
			D级		3 131	3 556	4 573
			E级		2 762	3 136	4 037
		图根点测量	一级、二级	点	575	1 232	1 847
		测量成果转换	平面	点	41	不包含求解转换参数的测量工作,不足10点按10点计	
			高程		41		

表2　地表测量实物工作预算基价表(续)

<table>
<tr><th rowspan="2">序号</th><th colspan="4" rowspan="2">项目</th><th rowspan="2">计费单位</th><th colspan="3">预算基价/元</th></tr>
<tr><th>简单</th><th>中等</th><th>复杂</th></tr>
<tr><td rowspan="7">2</td><td rowspan="7">地形测量</td><td rowspan="6">一般地区</td><td rowspan="6">比例尺</td><td>1∶200</td><td rowspan="6">km²</td><td>207 306</td><td>276 410</td><td>442 247</td></tr>
<tr><td>1∶500</td><td>90 134</td><td>120 177</td><td>192 283</td></tr>
<tr><td>1∶1 000</td><td>40 970</td><td>54 626</td><td>87 410</td></tr>
<tr><td>1∶2 000</td><td>18 025</td><td>24 033</td><td>38 459</td></tr>
<tr><td>1∶5 000</td><td>5 333</td><td>7 101</td><td>11 367</td></tr>
<tr><td>1∶10 000</td><td>2 994</td><td>3 991</td><td>6 383</td></tr>
<tr><td colspan="3">建筑群区</td><td colspan="4">1∶200 比例尺的附加调整系数为 1.8,其余比例尺的附加调整系数为 2.0</td></tr>
<tr><td rowspan="8">3</td><td rowspan="8">断面测量</td><td colspan="2" rowspan="8">水平比例尺</td><td>1∶50</td><td rowspan="8">km</td><td>10 728</td><td>14 287</td><td>19 674</td></tr>
<tr><td>1∶100</td><td>7 153</td><td>9 525</td><td>13 117</td></tr>
<tr><td>1∶200</td><td>4 208</td><td>5 603</td><td>7 716</td></tr>
<tr><td>1∶500</td><td>1 829</td><td>2 437</td><td>3 355</td></tr>
<tr><td>1∶1 000</td><td>1 413</td><td>1 885</td><td>2 592</td></tr>
<tr><td>1∶2 000</td><td>1 093</td><td>1 456</td><td>2 003</td></tr>
<tr><td>1∶5 000</td><td>842</td><td>1 125</td><td>1 548</td></tr>
<tr><td>1∶10 000</td><td>652</td><td>866</td><td>1 197</td></tr>
</table>

表3　地表测量实物工作预算附加调整系数表

<table>
<tr><th>序号</th><th>项目</th><th>附加调整系数</th><th>备注</th></tr>
<tr><td>1</td><td>二等、三等、四等三角(边)利用已有控制点标志;
GNSS 测量 B 级、C 级、D 级、E 级利用已有控制点标志;
导线测量三等、四等利用已有控制点标志;
图根点利用旧标石或未埋设混凝土标石</td><td>0.7</td><td>包含搭建临时观测台的费用,不包含造标费用</td></tr>
<tr><td>2</td><td>水准点埋设基本标石</td><td>2.0</td><td></td></tr>
<tr><td>3</td><td>平面控制点建筑物上标志;
高程控制点墙上水准标志</td><td>0.8</td><td></td></tr>
<tr><td rowspan="2">4</td><td>三角(边)测量同时进行三角高程联测</td><td>0.2</td><td>三角高程联测预算基价按平面测量预算基价的 0.2 计</td></tr>
<tr><td>电磁波测距高程导线代替水准测量</td><td>0.7</td><td>如果与平面导线测量同步进行,则按水准测量预算基价的 0.7 计</td></tr>
<tr><td>5</td><td>首级网联测起算点</td><td>0.6</td><td></td></tr>
</table>

表 3　地表测量实物工作预算附加调整系数表(续)

序号	项目	附加调整系数	备注
6	建立施工方格网的导线点	0.6	预算基价按表 2 中四等三角(边)测量计
7	检验施工方格网导线点的稳定性	0.5	
8	利用已有航摄、陆摄资料测绘地形图	0.7～0.9	
9	连续汇水大于总面积的 20%时,汇水面积测量	0.4	
10	带状地形测量(图面宽度＜20 cm)	1.5	
11	地形图修测	2.0	以实际修测面积计
12	覆盖或隐蔽程度＞60%	1.2～1.5	
13	小面积系数	1.3	测区面积不足 1 幅的可按相应比例尺的 1 个标准图幅(0.5 m×0.5 m)计
14	草测地形图	0.6	平面和高程精度低于相应比例尺地形图的要求,地物只测绘外部轮廓
15	土方测量	0.8	按断面测量计
		0.3	断面测量同时完成土方测量
16	建立数字线划地形图	0.3	与地形图测绘同时完成
17	数字高程模型	0.4	全野外采集特征点、线
		0.2	与地形图测绘同时完成

4.3　水域测量

水域测量复杂等级见表 4,水域测量实物工作预算基价见表 5。

表 4　水域测量复杂等级表

类别	简单	中等	复杂	适用项目
测线	测线长≤300 m 或断面间距在图上＞3 cm	测线长≤700 m 或断面间距在图上＞2 cm	测线长＞700 m 或断面间距在图上≤2 cm	全部
水域	水深≤5 m,无摸浅工作	水深≤15 m,或浅滩、礁石较多,有摸浅工作	水深＞15 m 或在河水泊封冻期作业,浅滩、礁石很多,摸浅工作多	全部
通视	岸边开阔,通视良好	岸边建筑物、堆积物较少,有低于 1.5 m 的围墙及防汛堤,有部分防护林带	岸边建筑物、堆积物较多,有高于 1.5 m 的围墙及防汛堤,有较密集的防护林带	全部
障碍	来往船只较少	来往船只较多或测区内有停留的船、竹排、木排等	来往船只频繁或测区内停泊的船、竹排、木排等较多	全部

表 5　水域测量实物工作预算基价表

序号	项目		计费单位	预算基价/元		
				简单	中等	复杂
1	湖、江、河、塘、沼泽地、积水区	1∶200	km²	307 122	408 452	574 313
		1∶500		133 530	177 594	249 702
		1∶1 000		60 696	79 757	113 520
		1∶2 000		26 705	35 520	49 941
		1∶5 000		7 890	10 503	14 757
		1∶10 000		4 433	5 886	8 295
2	河道横断面	1∶200	km	5 841	7 769	11 653
		1∶500		4 745	6 311	9 470
		1∶1 000		3 641	4 856	7 283
		1∶2 000		2 806	3 735	5 602
		1∶5 000		2 282	3 035	4 552
3	滨海区	以本表序号“1”为预算基价，附加调整系数为 1.5				

4.4　地下管线探测

地下管线探测复杂等级见表 6，地下管线探测实物工作预算基价见表 7。

表 6　地下管线探测复杂等级表

类别	简单	中等	复杂	适用项目
地形	起伏小或比高≤20 m 的平原	起伏大但有规律，或比高在 20 m～80 m 之间的丘陵地区	起伏变化很大或比高≥80 m 的山地	地下管线普查、盲探
障碍	建筑物密度小，沿管线敷设方向通视在 100 m 以上，人流较少，车流稀疏，无干扰源	建筑物密度中等，沿管线敷设方向通视在 50 m～100 m，人流、车流一般，干扰源少	建筑物密度大，沿管线敷设方向通视在 50 m 以内，人流、车流密集，存在多个干扰源	地下管线普查、盲探
管线材质	以金属材质管线为主，走向简单、明确	非金属材质占比≤20%，走向清晰	非金属材质占比＞20%，管线相互交错，走向复杂，存在不明废管	地下管线普查
危险管线	无危险管线	存在 1～2 种危险管线	存在 2 种以上危险管线	地下管线普查
管线埋设	埋深在 2 m 以内，在 3 年内埋设，土质松软	埋深在 2 m～5 m 范围内，在 3～10 年内埋设，土质坚硬、开挖量小	埋深在 5 m 以上较多，埋设时间在 10 年以上，土质坚硬、开挖量大	地下管线普查、盲探
定位点	平均每千米≤15 点	平均每千米 15 点～25 点	平均每千米≥25 点	地下管线普查、盲探

表7 地下管线探测实物工作预算基价表

<table>
<tr><td rowspan="2">序号</td><td colspan="2" rowspan="2">项目</td><td rowspan="2">计费单位</td><td colspan="3">预算基价/元</td></tr>
<tr><td>简单</td><td>中等</td><td>复杂</td></tr>
<tr><td rowspan="3">1</td><td rowspan="3">地下管线普查</td><td>专业管线探测</td><td rowspan="3">km</td><td>7 769</td><td>12 234</td><td>16 699</td></tr>
<tr><td>综合管线探测</td><td>5 438</td><td>8 564</td><td>11 689</td></tr>
<tr><td>单位(小区)内部管线探测</td><td>10 100</td><td>15 904</td><td>21 709</td></tr>
<tr><td>2</td><td colspan="2">盲探管线</td><td>m^2</td><td>2</td><td>3</td><td>6</td></tr>
<tr><td colspan="7">注1:计量系按管线长度累计计算(不足0.5 km的按0.5 km计)。
注2:单位、小区内管线探测≤3种,按序号1对应的复杂等级计算实物工作预算基价计,附加调整系数为1.3。
注3:地下管线普查管线物探和测量的预算基价占比为6∶4。</td></tr>
</table>

4.5 洞室测量

洞室测量复杂等级见表8,洞室测量实物工作预算基价见表9。

表8 洞室测量复杂等级表

类别	简单	中等	复杂	适用项目
照明	有充分照明	有部分照明	没有照明	全部
净空高	洞室的净空高≥2.0 m	洞室的净空高1.8 m~2.0 m	洞室的净空高≤1.8m	全部
通视	洞室导线平均边长≥25 m	洞室导线平均边长15 m~25 m	洞室导线平均边长≤15 m	全部
比降	≤8%	8%~12%	≥12%	全部
危险性	施工人员、车辆极少,通风良好,无危险性	施工人员、车辆较少,危险性因素少	施工人员、车辆较多,危险性较高(气体等)	全部

表9 洞室测量实物工作预算基价表

<table>
<tr><td rowspan="2">序号</td><td colspan="2" rowspan="2">项目</td><td rowspan="2">等级</td><td rowspan="2">计费单位</td><td colspan="3">预算基价/元</td></tr>
<tr><td>简单</td><td>中等</td><td>复杂</td></tr>
<tr><td rowspan="7">1</td><td rowspan="7">控制测量</td><td rowspan="2">导线测量</td><td>一级</td><td>点</td><td colspan="3" rowspan="4">按表2中控制测量相应等级的预算基价计,附加调整系数为1.8</td></tr>
<tr><td>二级</td><td>点</td></tr>
<tr><td rowspan="2">水准测量</td><td>四等</td><td>km</td></tr>
<tr><td>等外</td><td>km</td></tr>
<tr><td rowspan="3">陀螺方位角测量</td><td>5″</td><td>边</td><td>24 590</td><td>32 787</td><td>40 984</td></tr>
<tr><td>10″</td><td>边</td><td>24 590</td><td>28 689</td><td>32 787</td></tr>
<tr><td>15″</td><td>边</td><td>12 295</td><td>16 393</td><td>20 492</td></tr>
<tr><td rowspan="2">2</td><td colspan="3">洞室井下图</td><td>km</td><td>3 981</td><td>6 468</td><td>9 950</td></tr>
<tr><td colspan="3">废弃矿井、天然溶洞测量</td><td>km</td><td colspan="3">按洞室井下图的预算基价计,附加调整系数为2.0</td></tr>
<tr><td colspan="8">注1:洞室、溶洞长度小于3 km时,附加调整系数为1.5。
注2:采用罗盘和钢尺测量洞室井下图时,附加调整系数为0.6。</td></tr>
</table>

4.6 低空摄影与遥感

低空摄影与遥感复杂等级见表10,低空摄影与遥感实物工作预算基价见表11。

表10 低空摄影与遥感复杂等级表

类别	简单	中等	复杂	适用项目
地形	平均海拔≤2000 m,平原、盆地、谷地,起伏小或比高≤100 m	平均海拔为2000 m～3000 m或中低山、丘陵,起伏或比高100 m～200 m	平均海拔在3 000 m以上或高山峡谷,起伏或比高≥200 m	低空航空摄影; 低空倾斜航空摄影; 低空机载雷达扫描; 车载雷达移动测量; 地面激光扫描
飞行	飞行时段无限制,距离机场≥100 km,无电磁干扰源	飞行时段限制一般,距离机场50 km～100 km,存在少量电磁干扰源	空域繁忙,距离机场≤50 km,存在多处电磁干扰源	低空航空摄影; 低空倾斜航空摄影; 低空机载雷达扫描
设站	扫描范围距离道路两侧在200 m以内	扫描范围距离道路两侧在200 m～500 m之间	扫描范围距离道路两侧在500 m以外	车载雷达移动测量
	扫描距离平均在200 m以内,设站数量≤3	扫描距离平均在200 m～500 m之间,设站数量在4～9之间	扫描距离平均在500 m以外,设站数量≥10	地面激光扫描
气象	以晴和少云为主,风速一般小于2级	以多云及阴天为主,风速一般小于3级	以多云、阴天及小雨天气较多,一般风速小于3级的时段不多	低空航空摄影; 低空倾斜航空摄影; 低空机载雷达扫描; 机载雷达扫描
地物	建筑物面积占比≤30%,建筑物高度≤30 m	建筑物面积占比30%～60%,建筑物高度在30 m～80 m	建筑物面积占比≥60%,建筑物高度≥80 m	低空航空摄影; 低空倾斜航空摄影; 低空机载雷达扫描; 车载雷达移动测量; 地面激光扫描
植被	裸露地表面积≥80%	裸露地表面积40%～80%	裸露地表面积≤40%	车载雷达移动测量; 地面激光扫描
通视	扫描范围视野开阔,无遮挡	扫描范围视野较开阔,视线内存在高大树木	扫描范围视野受地形限制大,扫描范围有限,需要多次设站	车载雷达移动测量; 地面激光扫描

表 11　低空摄影与遥感实物工作预算基价表

<table>
<tr><th rowspan="2">序号</th><th rowspan="2">项目</th><th colspan="6" rowspan="2">规格与指标</th><th rowspan="2">计费单位</th><th colspan="3">预算基价/元</th></tr>
<tr><th>简单</th><th>中等</th><th>复杂</th></tr>
<tr><td rowspan="5">1</td><td rowspan="5">数字航空摄影</td><td colspan="5" rowspan="9">地表分辨率/m</td><td>0.03</td><td rowspan="5">km²</td><td>8 268</td><td>12 180</td><td>15 051</td></tr>
<tr><td>0.05</td><td>6 360</td><td>9 369</td><td>11 578</td></tr>
<tr><td>0.10</td><td>3 355</td><td>4 947</td><td>6 145</td></tr>
<tr><td>0.20</td><td>2 737</td><td>3 993</td><td>4 873</td></tr>
<tr><td>0.50</td><td>1 472</td><td>2 150</td><td>2 633</td></tr>
<tr><td rowspan="4">2</td><td rowspan="4">数字倾斜航空摄影</td><td>0.03</td><td rowspan="4">km²</td><td>30 957</td><td>45 724</td><td>56 613</td></tr>
<tr><td>0.05</td><td>23 813</td><td>35 172</td><td>43 549</td></tr>
<tr><td>0.10</td><td>8 061</td><td>11 936</td><td>14 736</td></tr>
<tr><td>0.20</td><td>5 870</td><td>8 558</td><td>10 439</td></tr>
<tr><td rowspan="5">3</td><td rowspan="5">机载雷达扫描</td><td rowspan="5">格网间距
m×m</td><td>0.5×0.5</td><td colspan="3" rowspan="5">点云密度
点·m⁻²</td><td>≥16</td><td rowspan="5">km²</td><td>19 180</td><td>25 574</td><td>31 967</td></tr>
<tr><td>1.0×1.0</td><td>≥4</td><td>13 852</td><td>16 516</td><td>20 246</td></tr>
<tr><td>2.0×2.0</td><td>≥1</td><td>8 738</td><td>13 320</td><td>14 918</td></tr>
<tr><td>2.5×2.5</td><td>≥1</td><td>3 836</td><td>6 287</td><td>9 004</td></tr>
<tr><td>5.0×5.0</td><td>≥0.25</td><td>1 439</td><td>2 131</td><td>2 664</td></tr>
<tr><td rowspan="3">4</td><td rowspan="3">车载雷达移动测量</td><td rowspan="3">等级</td><td>Ⅰ级</td><td colspan="3" rowspan="3">精度
mm</td><td>0.1</td><td rowspan="3">km</td><td>1 557</td><td>1 803</td><td>2 049</td></tr>
<tr><td>Ⅱ级</td><td>0.2</td><td>1 230</td><td>1 475</td><td>1 639</td></tr>
<tr><td>Ⅲ级</td><td>0.5</td><td>984</td><td>1 148</td><td>1 311</td></tr>
<tr><td rowspan="4">5</td><td rowspan="4">设站式激光扫描</td><td rowspan="4">等级</td><td>一等</td><td rowspan="4">点距
m</td><td>≤3</td><td rowspan="4">精度
mm</td><td>≤5</td><td rowspan="4">m²</td><td>32 787</td><td>40 984</td><td>49 180</td></tr>
<tr><td>二等</td><td>≤10</td><td>≤15</td><td>21 311</td><td>27 459</td><td>34 426</td></tr>
<tr><td>三等</td><td>≤25</td><td>≤50</td><td>11 721</td><td>15 651</td><td>19 967</td></tr>
<tr><td>四等</td><td>>25</td><td>≤200</td><td>8 790</td><td>11 738</td><td>14 975</td></tr>
</table>

注 1：预算基价包含空域申请协调费、转场费和作业产生的一切费用。

注 2：当低空航空摄影、低空倾斜航空摄影、低空机载雷达扫描面积较小时，集结地与作业现场距离在 100 km 以内，低空摄影每天按 2 个组日（即 9 200 元/日）计，超过 100 km 应适当考虑交通成本。

注 3：当低空摄影只用于 DOM(Digital Orthophoto Map)，按相应分辨率的预算基价计，附加调整系数为 0.7。

注 4：当低空航空摄影、低空倾斜航空摄影的面积（单位：km^2）÷地表分辨率（单位：m）大于 100 时，按相应分辨率的预算基价计，附加调整系数为 0.7。

注 5：当低空机载雷达扫描时，扫描面积（单位：km^2）÷格网间距（单位：m×m）大于 50，按相应分辨率的预算基价计，附加调整系数为 0.8。

注 6：车载雷达移动测量的测量长度小于 10 km 的按 10 km 计。

注 7：地面激光扫描预算基价包含标靶设立、测量工作，地灾点面积小于 0.5 km^2，每天按 2 个组日（即 9 200 元/日）计。

4.7 摄影测量与遥感测绘

摄影测量与遥感测绘复杂等级见表12，摄影测量与遥感测绘实物工作预算基价见表13。

表12 摄影测量与遥感测绘复杂等级表

类别	简单	中等	复杂	适用项目
居民地	居民地占图面25%以内	居民地占图面25%～60%	居民地占图面60%以上	像片调绘； 数字线划地图； 数字高程模型； 数字正射影像图； 低空机载雷达数据处理； 车载雷达测量数据处理； 三维建模； InSAR数据处理
	建筑物立面简单，无中式阁楼等装饰性物件	建筑物立面凸凹清晰，中式阁楼等装饰性物件不多	古建筑或仿古建筑、中式阁楼等装饰性物件较多	立面测量（建筑部分）
地形、地貌	地面较平坦，坡度在2°以内的地区，道路、水系少	地貌比较完整，地面起伏较大，有规律，坡度为2°～6°的地区或地貌破碎的小丘陵地区	地貌较完整，地面起伏变化大，切割强烈，坡度在6°以上的地区	像片控制测量； 像片调绘； 数字线划地图； 数字高程模型； 数字正射影像图； 低空机载雷达数据处理； 车载雷达测量数据处理； 三维建模； InSAR数据处理； 地面三维激光扫描数据处理
	判读刺点容易，联测便利，地域开阔的平地、丘陵地	易于判读刺点，联测便利的丘陵地和山地	刺点目标稀少的荒漠、水网或山地	像片控制测量
	岩体立面平整	岩体立面凸凹清晰，岩体完整	岩体立面凸凹交错，岩体破碎	立面测量（岩体立面）
植被	土质、植被较简单的地区	土质、植被较复杂的地区	森林覆盖面积达40%以上的地区	像片控制测量； 像片调绘； 数字线划地图； 数字高程模型； 数字正射影像图； 低空机载雷达数据处理； 车载雷达测量数据处理； 三维建模； InSAR数据处理
通行通视	通行通视困难的平地、丘陵、山地，河流沟渠通行困难的水网区	通行通视较困难的平地（沼泽、盐碱地、树林及隐蔽的半水网区）	通行通视条件好	像片调绘； 像片控制测量
数据质量	影像色彩丰富、纹理清楚、重叠度良好	影像色彩一般、纹理清楚、重叠度良好	影像偏色、纹理不清	数字线划地图； 数字高程模型； 数字正射影像图； 三维建模； 低空机载雷达数据处理； 车载雷达测量数据处理； 立面测量； InSAR数据处理

表 13　摄影测量与遥感测绘实物工作预算基价表

序号	工作项目	规格与指标		计费单位	预算基价/元		
					简单	中等	复杂
1	像片控制测量	比例尺	1∶500	幅	1 270	2 081	2 836
			1∶1 000		2 153	2 971	4 064
			1∶2 000		2 738	3 891	5 005
			1∶5 000		2 961	4 189	5 379
			1∶10 000		3 659	5 265	7 208
			1∶25 000		5 361	9 678	9 678
			1∶50 000		8 749	13 016	15 821
2	像片调绘		1∶500	幅	1 064	2 941	4 568
			1∶1 000		2 070	4 274	5 763
			1∶2 000		3 288	6 376	9 061
			1∶5 000		6 942	13 287	17 296
			1∶10 000		14 396	20 152	23 752
			1∶25 000		22 911	30 351	36 832
			1∶50 000		40 196	56 655	74 302
3	航片数字高程模型		1∶2 000	幅	1 513	2 206	2 900
			1∶5 000		1 762	2 444	3 125
			1∶10 000		2 011	2 955	3 899
			1∶25 000		2 757	3 943	5 129
			1∶50 000		3 380	4 815	6 250
4	航片数字正射影像图		1∶500	幅	1 102	1 247	1 392
			1∶1 000		1 225	1 363	1 501
			1∶2 000		1 352	1 625	1 898
			1∶5 000		1 319	1 861	2 129
			1∶10 000		2 418	2 393	2 810
			1∶25 000		3 168	4 116	4 793
			1∶50 000		4 747	5 962	7 177
5	卫片数字高程模型		1∶5 000	幅	1 250	1 473	1 945
			1∶10 000		1 813	2 459	3 092
			1∶25 000		2 723	3 870	4 928
			1∶50 000		3 936	5 397	6 656
6	卫片数字正射影像图		1∶5 000	幅	752	958	1 169
			1∶10 000		1 000	1 227	1 702
			1∶25 000		2 045	2 577	4 185
			1∶50 000		3 012	3 925	4 852

表 13　摄影测量与遥感测绘实物工作预算基价表(续)

序号	工作项目	规格与指标						计费单位	预算基价/元		
									简单	中等	复杂
7	航测数字线划地图	比例尺	1∶500					幅	2 743	4 472	6 283
			1∶1 000						4 076	6 448	9 466
			1∶2 000						6 034	8 407	11 859
			1∶5 000						8 229	11 670	15 111
			1∶10 000						9 726	13 811	17 897
			1∶25 000						10 942	17 273	24 141
			1∶50 000						11 267	18 766	27 336
8	低空摄影数字正射影像图	分辨率/m	0.03					km²	按本表航片数字正射影像图对应的比例尺及复杂程度的预算基价，附加调整系数为 1.2		
			0.05								
			0.10								
			≥0.10								
9	低空倾斜摄影三维建模		0.03						20 492	26 230	31 148
			0.05						16 393	20 492	24 590
			0.10						12 295	14 754	18 033
			≥0.10						6 557	9 836	12 295
10	机载雷达扫描数据处理	格网间距 m×m	0.5×0.5	点云密度 点·m^{-2}	≥16			km²	4 635	6 546	8 346
			1.0×1.0		≥4				1 365	1 848	2 373
			2.0×2.0		≥1				621	933	1 257
			2.5×2.5		≥1				414	624	837
			5.0×5.0		≥0.25				130	200	276
11	车载雷达移动测量数据处理	等级	一级	精度/m	0.1			km	3 279	4 262	5 246
			二级		0.2				2 787	3 443	4 262
			三级		0.5				1 311	1 639	1 967
12	地面激光扫描数据处理	等级	一等	点距 m	≤3	精度 mm	≤5	km²	4 590	5 770	7 090
			二等		≤10		≤15		2 295	2 869	3 566
			三等		≤25		≤50		1516	2 213	2 910
			四等		>25		≤200		861	984	1 230
13	立面测量	比例尺	1∶50					m²	2.6	3.0	3.5
			1∶100						2.0	2.5	2.8
			1∶200						1.2	1.8	2.1
			1∶500						0.8	1.0	1.3
			1∶1 000						0.5	0.8	1.0

表 13 摄影测量与遥感测绘实物工作预算基价表(续)

序号	工作项目	规格与指标	计费单位	预算基价/元		
				简单	中等	复杂
14	InSAR卫星数据处理		km^2	680	980	1 100
注1:低空机载雷达扫描数据处理、车载雷达移动测量数据处理、地面激光扫描数据处理包含点云分类、数字高程模型、数字正射影像图、数字地表模型制作,表面积及体量计算的综合预算基价,单做一项的附加调整系数为0.7。 注2:立面测量预算基价不含激光扫描数据的获取及点云分类等工作,建筑物立面测量附加调整系数为1.2,面积≤5 000 m^2的按5000 m^2计算。						

4.8 其他测量

其他测量复杂等级见表14,其他测量实物工作预算基价见表15。

表 14 其他测量复杂等级表

类别	简单	中等	复杂	适用项目
地形	起伏小或比高≤50 m的平原,坡度≤2°	起伏大但有规律,比高50 m~200 m,坡度2°~5°	起伏变化很大或比高>200 m,坡度≥6°	全部
地物	地物面积不超过测绘总面积的15%	地物面积占测绘总面积的15%~35%	地物面积不超过测绘总面积的36%	全部
植被	以农作物为主,森林覆盖率≤5%	以农作物和灌木、草地为主,森林覆盖率为6%~30%	植被破碎,种类较多,森林覆盖率≥31%	全部
通视	通视良好,隐蔽地区面积占比≤10%	通视一般,隐蔽地区面积占比在11%~39%之间	通视困难,隐蔽地区面积占比≤40%	小型工程测量; 定点测量; 近景摄影测量
通行	通行较好,植物低矮,比高较小的梯田地区	通行一般,植物较高,比高较大的梯田,容易通过的沼泽或稻田地区	通行困难,密集的树林或荆棘灌木丛林、竹林,难以通行的水网、稻田、沼泽、沙漠地,岭谷险峻、地形切割剧烈、攀登艰难的山区	小型工程测量; 定点测量; 近景摄影测量

表 15 其他测量实物工作预算基价表

序号	项目				计费单位	预算基价/元		
						简单	中等	复杂
1	地形图数字化	一般地区	比例尺	1∶500	标准图幅 (0.25 m^2)	1 056	1 585	2 535
				1∶1 000		1 739	2 528	3 984
				1∶2 000		2 413	3 471	5 433
				1∶5 000		4 522	6 300	9 695
				1∶10 000		6 629	9 129	13 952
		建筑群区附加调整系数为2.0						

表 15 其他测量实物工作预算基价表(续)

序号	项目					计费单位	预算基价/元		
							简单	中等	复杂
2	地形图缩放	缩图	一般地区	比例尺	1∶2	缩放后 100 cm^2	55	78	129
					2∶5		64	92	166
		放图			1∶2		32	46	83
					2∶5		41	55	94
		建筑群区附加调整系数为 1.5							
3	小型工程测量	小面积测量、配合其他工程测量按组日计					4 600	5 520	6 900
4	定点测量	各种勘探点、地质灾害特征点、特殊点位				点	295	393	492
		预算基价计费低于 4 600 元/(组·日)时,可按组日计							
5	近景摄影测量	外业摄影				组·日	4 600	5 520	6 900
		内业测绘近景立体图,按外业摄影等值计							

5 地质灾害调查与测绘、勘探

5.1 地质灾害调查与测绘、勘探技术工作预算标准

调查与测绘、勘探技术工作预算比例为 120%。

5.2 调查与测绘

表 16 调查与测绘实物工作预算基价表

序号	项目			计费单位	预算基价/元
1	调查与测绘	成图比例	1∶200	km^2	75 735
			1∶500		37 868.6
			1∶1 000		25 245
			1∶2 000		16 830
			1∶5 000		5 049
			1∶10 000		1 683
			1∶25 000		1 262.8
			1∶50 000		631.4
2	带状调绘	成图宽度小于 30 m 或长宽比大于 3,附加调整系数为 1.3			
3	调绘与地质调绘同时进行	附加调整系数为 1.5			
4	危岩、崩塌(危岩体和堆积体的相对高差 H)	$H \leqslant 50$ m,附加调整系数为 1.2			
		50 m $< H \leqslant$ 100 m,附加调整系数为 2			
		100 m $< H \leqslant$ 200 m,附加调整系数为 3			
		$H >$ 200 m,附加调整系数为 4			
注:不足 1 个标准图幅的按 1 个图幅(0.5 m×0.5 m)计。					

5.3 勘探与原位测试

勘探与原位测试地层分类见表17，勘探实物工作预算基价见表18，取土、水、石试样实物工作预算基价见表19，原位测试实物工作预算基价见表20。

表17 勘探与原位测试地层分类表

岩土类别	Ⅰ	Ⅱ	Ⅲ	Ⅳ	Ⅴ	Ⅵ
松散地层	流塑、软塑、可塑黏性土，稍密、中密粉土，含硬杂质≤10%的填土	硬塑、坚硬黏性土，密实粉土，含硬杂质≤25%的填土，湿陷性土，红黏土，膨胀土，盐渍土，残积土，污染土	砂土、砾石、混合土、多年冻土、含硬杂质>25%的填土	粒径≤50 mm、含量>50%的卵（碎）石层	粒径≤100 mm、含量>50%的卵(碎)石层，混凝土构件、面层	粒径>100 mm、含量>50%的卵（碎）石层、漂(块)石层
岩石地层		极软岩	软岩	较软岩	较硬岩	坚硬岩
注：岩土的分类和鉴定见《岩土工程勘察规范(2009年版)》(GB 50021—2001)。						

表18 勘探实物工作预算基价表

序号	项目		计费单位	预算基价/元					
	勘探项目	深度 D/m，长度 L/m		Ⅰ	Ⅱ	Ⅲ	Ⅳ	Ⅴ	Ⅵ
1	钻探	D≤10	m	69	106.5	175.5	310.5	451.5	573
		10<D≤20		87	133.5	220.5	388.5	565.5	715.5
		20<D≤30		103.5	160.5	264	466.5	678	859.5
		30<D≤40		123	190.5	313.5	552	804	1020
		40<D≤50		147	226.5	373.5	658.5	958.5	1 213.5
		50<D≤60		163.5	252	415.5	733.5	1 066.5	1 351.5
		60<D≤80		181.5	280.5	460.5	813	1 183.5	1 500
		80<D≤100		198	306	502.5	888	1 293	1 638
		D>100		每增加20 m，按前一档预算基价乘以1.2的附加调整系数					
2	井探	D≤2	m	150	189	234	375	600	750
		2<D≤5		189	234	291	468	750	939
		5<D≤10		234	291	360	582	930	1164
		10<D≤20		309	384	477	768	1230	1539
		D>20		每增加10 m，按前一档预算基价乘以1.3的附加调整系数					
3	槽探	D≤2	m^3	120	156	216	276	360	444
		D>2		168	225	312	399	522	645

表 18 勘探实物工作预算基价表(续)

序号	项目		计费单位	预算基价/元					
	勘探项目	深度 D/m,长度 L/m		Ⅰ	Ⅱ	Ⅲ	Ⅳ	Ⅴ	Ⅵ
4	洞探	$L \leqslant 50$	m	1 050	1 575	2 205	2 940	3 519	4 044
		$50 < L \leqslant 100$		1 104	1 653	2 316	3 087	3 693	4 245
		$100 < L \leqslant 150$		1 155	1 734	2 427	3 234	3 870	4 446
		$150 < L \leqslant 200$		1 209	1 812	2 535	3 381	4 044	4 650
		$200 < L \leqslant 250$		1 260	1 890	2 646	3 528	4 221	4 851
		$250 < L \leqslant 300$		1 314	1 968	2 757	3 675	4 398	5 052
		$L > 300$		每增加 50 m,按前一档预算基价乘以 1.1 的附加调整系数					
		标准断面大小为 4 m^2,大于标准断面的部分乘以 0.6 的附加调整系数,另行计算预算							

表 19 取土、水、石试样实物工作预算基价表

序号	项目				计费单位	预算基价/元	
						取样深度 $D \leqslant 30$ m	取样深度 $D > 30$ m
1	取土	锤击法厚壁取土器	试样规格	$\varphi = 80$ mm～100 mm; $L = 150$ mm～200 mm	件	120	150
		静压法厚壁取土器		$\varphi = 80$ mm～100 mm; $L = 150$ mm～200 mm		195	285
		敞口或自由活塞薄壁取土器		$\varphi = 75$ mm;$L = 800$ mm		930	1380
		水压固定活塞薄壁取土器		$\varphi = 75$ mm;$L = 800$ mm		1260	1860
		固定活塞薄壁取土器		$\varphi = 75$ mm;$L = 800$ mm		1080	1680
		束节式取土器		$\varphi = 75$ mm;$L = 200$ mm		450	720
		黄土取土器		$\varphi = 120$ mm;$L = 150$ mm		240	360
		回转型单动、双动三重管取土器		$\varphi = 75$ mm;$L = 1250$ mm		930	1380
		探井取土				300	450
		扰动取土				45	
2	取石	取岩芯样				75	
		人工取样				1200	
3	取水	人工取样				360	

表 20　原位测试实物工作预算基价表

序号	项目			计费单位	预算基价/元					
	测试项目		测试深度 D/m		Ⅰ	Ⅱ	Ⅲ	Ⅳ	Ⅴ	Ⅵ
1	标准贯入试验		$D \leqslant 20$	次	80	108	144			
			$20 < D \leqslant 50$		120	162	216			
			$D > 50$		144	194	259			
2	圆锥动力触探试验	轻型	$D \leqslant 10$	m	32	50	82			
		重型	$D \leqslant 10$		50	78	128	300	375	425
			$10 < D \leqslant 20$		63	97	159	375	469	531
			$20 < D \leqslant 30$		75	116	191	450	563	638
			$30 < D \leqslant 40$		89	138	227	534	668	757
			$40 < D \leqslant 50$		106	164	270	636	795	901
		超重型	$D \leqslant 10$				140	330	413	468
			$10 < D \leqslant 20$				175	413	516	584
			$20 < D \leqslant 30$				210	495	619	701
			$30 < D \leqslant 40$				249	587	734	832
			$40 < D \leqslant 50$				297	700	875	991
3	静力触探试验	单桥	$D \leqslant 10$		68	98	164			
			$10 < D \leqslant 20$		86	124	204			
			$20 < D \leqslant 30$		102	148	244			
			$30 < D \leqslant 40$		122	176	290			
			$40 < D \leqslant 50$		144	210	346			
			$50 < D \leqslant 60$		160	232	386			
			$60 < D \leqslant 80$		178	258	428			
		双桥	按单桥预算基价乘以 1.15 的附加调整系数							
		加测孔压	按单桥或双桥预算基价乘以 1.2 的附加调整系数							
4	扁铲侧胀试验		$D \leqslant 10$	点	132	198				
			$10 < D \leqslant 20$		166	248				
			$20 < D \leqslant 30$		198	298				
			$30 < D \leqslant 40$		232	346				
			$40 < D \leqslant 50$		264	396				
			$50 < D \leqslant 60$		316	476				
			$60 < D \leqslant 80$		396	594				
5	十字板剪切试验		$D \leqslant 10$		206					
			$10 < D \leqslant 20$		227					
			$20 < D \leqslant 30$		247					
			$D > 30$		309					

表 20　原位测试实物工作预算基价表(续)

<table>
<tr><td rowspan="2">序号</td><td colspan="3">项目</td><td rowspan="2">计费单位</td><td colspan="6">预算基价/元</td></tr>
<tr><td colspan="2">测试项目</td><td>测试深度 D/m</td><td>Ⅰ</td><td>Ⅱ</td><td>Ⅲ</td><td>Ⅳ</td><td>Ⅴ</td><td>Ⅵ</td></tr>
<tr><td rowspan="7">6</td><td rowspan="7">旁压试验</td><td>方法</td><td>深度 D/m</td><td rowspan="7">点</td><td colspan="3">压力≤2 500 kPa</td><td colspan="3">压力>2 500 kPa</td></tr>
<tr><td rowspan="3">预钻式</td><td>D≤10</td><td colspan="3">657.5</td><td colspan="3">877.5</td></tr>
<tr><td>10<D≤20</td><td colspan="3">855</td><td colspan="3">1 140</td></tr>
<tr><td>D>20</td><td colspan="3">1 110</td><td colspan="3">1 482.5</td></tr>
<tr><td rowspan="3">自钻式</td><td>D≤10</td><td colspan="3">855</td><td colspan="3">1 140</td></tr>
<tr><td>10<D≤20</td><td colspan="3">1 110</td><td colspan="3">1 482.5</td></tr>
<tr><td>D>20</td><td colspan="3">1 442.5</td><td colspan="3">1 927.5</td></tr>
<tr><td rowspan="15">7</td><td rowspan="15">载荷试验</td><td colspan="2">螺旋板</td><td rowspan="14">试验点</td><td colspan="3">4 725</td><td colspan="3">5 200</td></tr>
<tr><td rowspan="14">浅层、深层平板面积 0.1 m²～1 m²</td><td>加荷最大值/kN</td><td colspan="3">水位以上</td><td colspan="3">水位以下</td></tr>
<tr><td>≤100</td><td colspan="3">6 975</td><td colspan="3">7 650</td></tr>
<tr><td>200</td><td colspan="3">9 225</td><td colspan="3">10 150</td></tr>
<tr><td>300</td><td colspan="3">11 475</td><td colspan="3">12 625</td></tr>
<tr><td>400</td><td colspan="3">13 725</td><td colspan="3">15 100</td></tr>
<tr><td>500</td><td colspan="3">16 000</td><td colspan="3">17 600</td></tr>
<tr><td>1 000</td><td colspan="6">25 000</td></tr>
<tr><td>3 000</td><td colspan="6">37 500</td></tr>
<tr><td>5 000</td><td colspan="6">62 500</td></tr>
<tr><td>10 000</td><td colspan="6">100 000</td></tr>
<tr><td>15 000</td><td colspan="6">137 500</td></tr>
<tr><td>20 000</td><td colspan="6">175 000</td></tr>
<tr><td>>20 000</td><td colspan="6">每增加 5 000 kN,按前一档收费基价乘以 1.25 的附加调整系数</td></tr>
<tr><td colspan="8">试坑开挖、加荷体吊装运输费另计</td></tr>
<tr><td rowspan="5">8</td><td rowspan="5">土体现场直剪试验</td><td colspan="2" rowspan="2">试验面积/m²</td><td rowspan="5">组</td><td colspan="3">压应力≤500 kPa</td><td colspan="3">压应力>500 kPa</td></tr>
<tr><td colspan="2">水位以上</td><td>水位以下</td><td>水位以上</td><td colspan="2">水位以下</td></tr>
<tr><td colspan="2">0.10</td><td colspan="2">5 550</td><td>6 660</td><td>6 660</td><td colspan="2">7 992</td></tr>
<tr><td colspan="2">0.25</td><td colspan="2">7 930</td><td>9 516</td><td>9 516</td><td colspan="2">11 420</td></tr>
<tr><td colspan="2">0.50</td><td colspan="2">10 312</td><td>12 376</td><td>12 376</td><td colspan="2">14 850</td></tr>
<tr><td rowspan="5">9</td><td rowspan="4">岩体变形试验</td><td rowspan="4">承压板法</td><td>法向荷重/kN</td><td rowspan="5">试验点</td><td colspan="3">软岩</td><td colspan="3">硬岩</td></tr>
<tr><td>≤500</td><td colspan="3">6 786</td><td colspan="3">7 488</td></tr>
<tr><td>1 000</td><td colspan="3">7 424</td><td colspan="3">8 237</td></tr>
<tr><td>>1 000</td><td colspan="6">每增加 500 kN,按前一档预算基价乘以 1.1 的附加调整系数</td></tr>
<tr><td colspan="3">钻孔变形法</td><td colspan="3">3 978</td><td colspan="3">4 563</td></tr>
</table>

表 20 原位测试实物工作预算基价表(续)

<table>
<tr><th rowspan="2">序号</th><th colspan="4">项目</th><th rowspan="2">计费单位</th><th colspan="6">预算基价/元</th></tr>
<tr><th colspan="3">测试项目</th><th>测试深度 D/m</th><th>Ⅰ</th><th>Ⅱ</th><th>Ⅲ</th><th>Ⅳ</th><th>Ⅴ</th><th>Ⅵ</th></tr>
<tr><td rowspan="3">10</td><td rowspan="3">岩体强度试验</td><td colspan="3">岩体结构面直剪</td><td rowspan="3">试验点</td><td colspan="3">9 945</td><td colspan="3">11 412</td></tr>
<tr><td colspan="3">岩体直剪</td><td colspan="3">8 775</td><td colspan="3">9 891</td></tr>
<tr><td colspan="3">混凝土与岩体直剪</td><td colspan="3">7 020</td><td colspan="3">7 605</td></tr>
<tr><td rowspan="3">11</td><td rowspan="3">岩体原位应力测试</td><td colspan="3">方法</td><td rowspan="3">孔</td><td colspan="3">原位应力测试</td><td colspan="3">三轴交会测应力</td></tr>
<tr><td colspan="3">孔径变形法/孔底应变法</td><td colspan="3">29 250</td><td colspan="3">58 500</td></tr>
<tr><td colspan="3">孔壁应变法</td><td colspan="6">35 100</td></tr>
<tr><td rowspan="4">12</td><td rowspan="4">压水、注水试验</td><td rowspan="2">压水</td><td rowspan="2">试验深度 D/m</td><td>$D\leq 20$</td><td rowspan="4">段次</td><td colspan="6">1 753</td></tr>
<tr><td>$D>20$</td><td colspan="6">2 104</td></tr>
<tr><td rowspan="2">注水</td><td colspan="2">钻孔注水</td><td colspan="6">409</td></tr>
<tr><td colspan="2">探井注水</td><td colspan="6">205</td></tr>
<tr><td rowspan="3">13</td><td rowspan="3">现场容重试验</td><td colspan="3">现场挖坑取土石</td><td>m</td><td colspan="6">参照表 18 中“井探”的预算基价,并乘以 1.5 的附加调整系数</td></tr>
<tr><td colspan="3">现场称重颗分</td><td>组</td><td colspan="6">180</td></tr>
<tr><td colspan="3">现场搅拌</td><td>组</td><td colspan="6">180</td></tr>
</table>

表 21 工程勘探与原位测试实物工作预算附加调整系数表

<table>
<tr><th>序号</th><th colspan="5">项目</th><th>附加调整系数</th><th>备注</th></tr>
<tr><td>1</td><td>钻孔</td><td colspan="4">跟管钻进、泥浆护壁、基岩无水干钻钻探、基岩破碎带钻进取芯、植物胶护壁、单动双管取芯</td><td>1.5</td><td></td></tr>
<tr><td>2</td><td>钻孔</td><td colspan="4">水平孔、斜孔钻探</td><td>2.0</td><td></td></tr>
<tr><td>3</td><td>钻孔</td><td colspan="4">坑道内作业</td><td>1.3</td><td></td></tr>
<tr><td>4</td><td>勘探、取样、原位测试</td><td colspan="4">线路上作业</td><td>1.3</td><td></td></tr>
<tr><td rowspan="6">5</td><td rowspan="6">钻孔、取样、原位测试</td><td rowspan="6">水上作业</td><td colspan="3">滨海</td><td>3.0</td><td></td></tr>
<tr><td rowspan="3">湖、江、河</td><td rowspan="3">水深 D/m</td><td>$D\leq 10$</td><td>2.0</td><td></td></tr>
<tr><td>$10<D\leq 20$</td><td>2.5</td><td></td></tr>
<tr><td>$D>20$</td><td>3.0</td><td></td></tr>
<tr><td colspan="3">塘、沼泽地</td><td>1.5</td><td></td></tr>
<tr><td colspan="3">积水区(含水稻田)</td><td>1.2</td><td></td></tr>
<tr><td>6</td><td>钻孔、取样原位测试</td><td colspan="4">夜间作业</td><td>1.2</td><td>原位测试仅限于表 20 中的序号 1～6</td></tr>
<tr><td rowspan="3">7</td><td rowspan="3">勘探、取样、原位测试</td><td colspan="4">地裂缝、地面沉降</td><td>1.1</td><td></td></tr>
<tr><td colspan="4">滑坡、泥石流</td><td>1.3～1.5</td><td></td></tr>
<tr><td colspan="4">崩塌(危岩)、地面塌陷、岩溶、洞穴</td><td>1.5～1.8</td><td></td></tr>
<tr><td colspan="8">注:勘查或调查报告需要单独进行审查的,审查费用标准按初步设计前阶段相应审查费标准计取。</td></tr>
</table>

5.4 水文调查及水文地质勘查、现场测试

5.4.1 水文地质测绘实物工作预算基价见表22。

表22 水文地质测绘实物工作预算基价表

序号	项目			计费单位	预算基价/元		
					简单	中等	复杂
1	水文地质测绘	成图比例尺	1∶5000	km²	1 886	2 694	4 041
			1∶10 000		944	1 347	2 021
			1∶25 000		471	674	1 010
			1∶50 000		236	338	506
2	水文地质调查测绘		1∶5 000		566	809	1 212
			1∶10 000		284	404	606
			1∶25 000		141	203	303
			1∶50 000		71	102	152

注1:水文地质测绘与地质测绘同时进行时,附加调整系数为1.5。
注2:水文地质调查测绘工作内含地表水调查、流量、流速测验工作。

5.4.2 模拟计算

模拟计算实物工作预算基价见表23。

表23 模拟计算实物工作预算基价表

序号	项目		计费单位	预算基价/元		
				简单	中等	复杂
1	电网络模拟计算		km²	760	1 080	1 400
2	数值模拟计算	二维流水量模型		608	864	1 120
		二维流水质模型		730	1 037	1 344
		三维流水量模型		1 094	1 555	2 016
		三维流水质模型		1 216	1 728	2 240

5.4.3 水文地质钻探

水文地质钻探实物工作预算基价按所钻探地层分层计算,计算公式如下:

水文地质钻探实物工作预算基价=130(元/m)×自然进尺(m)×岩土类别系数×钻孔深度系数×孔径系数

水文地质钻探复杂等级见表24,水文地质钻探岩土类别系数见表25,钻孔深度系数见表26,钻探孔径系数见表27。

表 24　水文地质钻探复杂等级表

岩土类别	Ⅰ	Ⅱ	Ⅲ	Ⅳ	Ⅴ	Ⅵ
松散地层	粒径≤0.5 mm、含量≥50%、含圆砾(角砾)及硬杂质≤10%的各类砂土、黏性土	粒径≤2.0 mm、含量≥50%、含圆砾(角砾)及硬杂质≤20%的各类砂土	粒径≤20 mm、含量≥50%、含圆砾(角砾)及硬杂质≤30%的各类碎石土	冻土层、粒径≤50 mm、含量≥50%、含圆砾(角砾)及硬杂质≤50%的各类碎石土	粒径≤100 mm、含量≥50%的各类碎石土	粒径>100 mm、含量>50%的卵(碎)石层、漂(块)石层
岩石地层		极软岩	软岩	较软岩	较硬岩	坚硬岩
注:岩土的分类和鉴定见《岩土工程勘察规范(2009 年版)》(GB 50021—2001)。						

表 25　水文地质钻探岩土类别系数表

岩土类别	Ⅰ	Ⅱ	Ⅲ	Ⅳ	Ⅴ	Ⅵ	Ⅶ
松散地层	1.0	1.5	2.0	2.5	3.0	3.6	4.8
岩石地层	1.8	2.6	3.4	4.2	5.0		
注:岩石破碎带钻进取芯时,附加调整系数为 1.5。							

表 26　钻孔深度系数表

	项目	钻孔深度系数
钻孔深度 D/m	$D\leq50$	1.2
	$50<D\leq100$	1.0
	$100<D\leq150$	1.2
	$150<D\leq200$	1.4
	$200<0\leq250$	1.7
	$250<D\leq300$	2.0
	$300<D\leq350$	2.4
	$350<D\leq400$	2.9
	$400<D\leq450$	3.4
	$450<D\leq500$	3.9
	$D>500$	协商确定

表 27　钻探孔径系数表

	松散地层	岩石地层	孔径系数
钻探孔径 φ/mm	$\varphi\leq350$	$\varphi\leq150$	0.9
	$350<\varphi\leq400$	$150<\varphi\leq200$	1.0
	$400<\varphi\leq450$	$200<\varphi\leq250$	1.1

表 27　钻探孔径系数表(续)

	松散地层	岩石地层	孔径系数
钻探孔径 φ/mm	$450<\varphi\leqslant 500$	$250<\varphi\leqslant 300$	1.3
	$500<\varphi\leqslant 550$	$300<\varphi\leqslant 350$	1.4
	$550<\varphi\leqslant 600$	$350<\varphi\leqslant 400$	1.6
	$600<\varphi\leqslant 650$	$400<\varphi\leqslant 450$	1.8
	$650<\varphi\leqslant 700$	$450<\varphi\leqslant 500$	2.0
	$700<\varphi\leqslant 750$	$500<\varphi\leqslant 550$	2.3
	$750<\varphi\leqslant 800$	$550<\varphi\leqslant 600$	2.6
	$800<\varphi\leqslant 850$	$600<\varphi\leqslant 650$	3.1
	$850<\varphi\leqslant 900$	$650<\varphi\leqslant 700$	3.9
	$\varphi>900$	$\varphi>700$	协商确定

5.4.4　现场测试与取样

现场测试与取样实物工作预算基价见表 28。

表 28　现场测试与取样实物工作预算基价表

<table>
<tr><th>序号</th><th colspan="3">项目</th><th>计费单位</th><th>预算基价/元</th></tr>
<tr><td>1</td><td colspan="3">抽水试验</td><td rowspan="3">台・班</td><td>840</td></tr>
<tr><td rowspan="3">2</td><td rowspan="2">放射性同位素测试</td><td colspan="2">单井稀释法</td><td>510</td></tr>
<tr><td colspan="2">多井法</td><td>840</td></tr>
<tr><td colspan="5">放射性同位素测试原料的购置费、运输费另计</td></tr>
<tr><td rowspan="3">3</td><td rowspan="2">弥散试验</td><td colspan="2">单井法</td><td rowspan="2">台・班</td><td>840</td></tr>
<tr><td colspan="2">多井法</td><td>1 180</td></tr>
<tr><td colspan="5">示踪剂的化学分析费另计</td></tr>
<tr><td>4</td><td>渗水试验</td><td colspan="2">自然方式</td><td rowspan="4">台・班</td><td>340</td></tr>
<tr><td>5</td><td>测流速流量</td><td colspan="2">井内测试</td><td>340</td></tr>
<tr><td>6</td><td>连通试验</td><td colspan="2">井内测试</td><td>420</td></tr>
<tr><td rowspan="5">7</td><td rowspan="5">地下水位(温)观测</td><td colspan="2">试验观测孔</td><td>170</td></tr>
<tr><td rowspan="3">动态观测距离 L/km</td><td>$L\leqslant 5$</td><td rowspan="3">次</td><td>20</td></tr>
<tr><td>$5<L\leqslant 10$</td><td>40</td></tr>
<tr><td>$L>10$</td><td>50</td></tr>
<tr><td colspan="4">地下水位、水温同时观测,附加调整系数为 1.3</td></tr>
<tr><td>8</td><td>取试样</td><td colspan="4">取土、石、水试样实物工作预算基价见表 19</td></tr>
</table>

6 地质灾害监测

6.1 地质灾害勘查现场监测技术工作预算标准

地质灾害勘查现场监测技术工作预算比例为50%。

6.2 地质灾害监测复杂等级辨别标准

地质灾害监测复杂等级辨别标准见表29。

表29 地质灾害监测复杂等级表

等级	简单	中等	复杂
特征	地形平坦,植被不发育,通行通视良好,流动障碍较少,施工干扰较少,施测难度较小	地形起伏较大,通行较困难,通视条件较差,流动障碍较多,施工干扰较多,施测难度较大	地形复杂,通行通视条件差,流动障碍多,施工干扰多,施测难度大

6.3 地质灾害勘查现场监测实物工作预算标准

地质灾害勘查现场监测实物工作预算基价见表30,监测设备安装费率的计算标准见表31,监测设备观测及维护费率见表32。

表30 地质灾害勘查现场监测实物工作预算基价表

序号	项目			计费单位	预算基价/元					
					简单		中等		复杂	
1	监测基准网	监测方法			单测	复测	单测	复测	单测	复测
		水平位移	一等	点	3 272	2 618	3 933	3 146	4 593	3 674
			二等		2 181	1 745	2 622	2 098	3 062	2 450
			三等		1 606	1 285	1 930	1 544	2 253	1 802
			四等		1 402	1 122	1 685	1 348	1 968	1 574
			平均边长:一等、二等＜150 m的,三等＜200 m的,降低一等计							
		垂直位移	一等	km	1 459	1 167	1 720	1 376	1 980	1 584
			二等		1 216	973	1 433	1 147	1 650	1 320
			三等		1 029	823	1 208	966	1 386	1 109
			四等		538	430	670	536	802	642
			不足1 km按1 km计							

表 30 地质灾害勘查现场监测实物工作预算基价表(续)

序号	项目			计费单位	预算基价/元					
					简单		中等		复杂	
2	变形监测	监测方法		点·次	单向	双向	单向	双向	单向	双向
		水平位移	一等		91	163	113	203	135	243
			二等		74	134	93	168	112	201
			三等		62	112	78	140	93	167
			四等		53	95	66	118	78	140
		垂直位移	一等		59		75		91	
			二等		50		62		74	
			三等		42		52		62	
			四等		35		44		53	
3	土体回弹、分层沉降监测	观测点深度 D/m	$D \leqslant 20$		1 000		1 250		1 500	
			$D > 20$		1 200		1 500		1 800	
4	建筑物倾斜监测	建筑物高度 H/m	$H \leqslant 30$		610		765		920	
			$H > 30$		740		920		1 100	
5	建筑物裂缝监测			条·次	23					
6	深部位移监测	监测方法		m·次	单向			双向		
		孔深 D/m	$D \leqslant 20$		13			23		
			$20 < D \leqslant 40$		16			29		
			$40 < D \leqslant 60$		19			34		
			$D > 60$		23			41		
7	应力应变监测	一测点传感器个数	$\leqslant 4$	点·次	116					
			每增加 1 个传感器递增		29					
		传感器费用另计								
8	孔隙水压力试验	一测点传感器个数	$\leqslant 6$	点·次	174					
			每增加 1 个传感器递增		29					
		传感器费用另计								
9	雨量监测	自动记录		组·日	1 000					
		仪器及安装费用另计								
10	视频监测	自动记录		组·日	1 000					
		仪器及安装费用另计								

表 30　地质灾害勘查现场监测实物工作预算基价表(续)

<table>
<tr><th rowspan="2">序号</th><th rowspan="2" colspan="2">项目</th><th rowspan="2">计费单位</th><th colspan="3">预算基价/元</th></tr>
<tr><th>简单</th><th>中等</th><th>复杂</th></tr>
<tr><td rowspan="2">11</td><td rowspan="2">地下水位监测</td><td>自动记录</td><td>组・日</td><td colspan="3">1 000</td></tr>
<tr><td colspan="5">仪器及安装费用另计</td></tr>
<tr><td rowspan="2">12</td><td rowspan="2">土壤含水量监测</td><td>自动记录</td><td>组・日</td><td colspan="3">1 000</td></tr>
<tr><td colspan="5">仪器及安装费用另计</td></tr>
<tr><td rowspan="2">13</td><td rowspan="2">自动 GNSS 监测</td><td>自动记录</td><td>组・日</td><td colspan="3">1 000</td></tr>
<tr><td colspan="5">仪器及安装费用另计</td></tr>
<tr><td rowspan="2">14</td><td rowspan="2">震动监测</td><td>自动记录</td><td>百台・月</td><td colspan="3">15 万</td></tr>
<tr><td colspan="5">仪器及安装费用另计</td></tr>
<tr><td colspan="7">注 1:以上预算基价不包含监测建筑工程投资及仪器设备购买费用。
注 2:监测建筑工程投资编制所采用的基础资料价格,如人工预算单价、主要材料预算价格、施工电、风、水、砂石料单价、施工机械台时费等,均应与主体工程投资保持一致。
注 3:设备预算价格由设备原价和设备综合运杂费组成。
国产设备原价依据投资编制期相同或相似设备市场价格或向有关厂家询价进行综合分析后确定。进口设备的原价按设备到岸价加进口环节税费计。
综合运杂费指由国产设备生产厂家或采购地点、进口设备的进口口岸运至工程现场分仓库所发生的运杂费、运输保险费和采购及保管费等,各项费用的计算标准如下:国产设备运杂费按设备原价的 3 %～9 %计,进口设备国内段运杂费按设备原价的 2 %～6 %计。设备价格较低,运距较远的取大值;设备价格较高,运距较近的取小值。
运输保险费按设备原价的 0.5%计。
采购及保管费按设备原价、运杂费和运输保险费之和的 1%计。
注 4:震动监测预算含仪器租赁和技术支持,其中技术支持含测试分析工作。</td></tr>
</table>

表 31　监测设备安装费率的计算标准

序号	设备类型	国产/%	进口/%
1	结构内部设备埋入	35～50	25～45
2	结构表面设备安装	30～45	25～40
3	二次仪表的维护及定期检验	10～15	6～12
4	自动化系统安装调试	30～35	15～25
注 1:安全监测设备总设备费小于 50 万元的,取上限;大于 500 万元的,取下限。 注 2:安全监测设备运至工程现场仓库如需进行检验率定,检验率定费可按设备原价的 6%～9%计。			

表 32　监测设备观测及维护费率

序号	安全监测总设备费/万元	年费率/%
1	≥500	5～7
2	50～500	7～9
3	10～50	9～11

表 32 监测设备观测及维护费率(续)

序号	安全监测设备总设备费/万元	年费率/%
4	1～10	11～12
5	<1	12～14
注:观测、设备维护费,包括监测人工费、监测设备维护使用费、办公设备摊销及办公易耗品费用等,按安全监测总设备费乘以年费率及观测年限计。		

7 地质灾害勘查工程物探

7.1 地质灾害勘查工程物探技术工作预算标准

地质灾害勘查工程物探技术工作预算比例为 33%。

7.2 物探工作地形等级界限

物探工作地形等级按表 33 和表 34 划分。

表 33 地形要素划分标准及分值表

地物	密集的居民点、建筑物、树木、竹林、荆棘、藤条、杂草等				
	占测(工)区面积的 0%～10%,视野开阔	占测(工)区面积的 11%～20%,平均视距大于 200 m	占测(工)区面积的 21%～30%,平均视距达到 100 m～200 m	占测(工)区面积的 31%～50%,平均视距达到 40 m～100 m	占测(工)区面积的 51%以上,平均视距在 40 m 以内
分值	1	2	3	4	6
地貌	大面积密集梯田、陡坎(高 1 m)、长年积水的河(渠)、湖泊、水库、水塘、沼泽、盐湖、较宽(深)的雨裂、冲沟、大面积的风化碎石、沙漠、沙丘、松软土质地带等				
	占测(工)区面积的 0%～10%,通行方便	占测(工)区面积的 11%～20%,通行方便	占测(工)区面积的 21%～30%,能直达点位的较多	占测(工)区面积的 31%～50%,有 40%～60%点位要绕行到达	占测(工)区面积的 51%以上,有 61%以上点位要绕行或攀登通行到达
分值	2	3	5	8	12
坡度	测线上或测区总平均坡度 5°以内	测线上或测区总平均坡度 5°～10°	测线上或测区总平均坡度 11°～18°	测线上或测区总平均坡度 19°～29°	测线上或测区总平均坡度 30°以上
分值	4	7	10	14	19
比高	测线上或测区总平均高差小于 50 m	测线上或测区总平均高差 51 m～100 m	测线上或测区总平均高差 101 m～200 m	测线上或测区总平均高差 201 m～350 m	测线上或测区总平均高差在351 m 以上
分值	3	5	7	11	18

表 34 地形等级确定表

地形等级	简单	中等	复杂
分值	10～20	21～35	36～55
附加调整系数	1	1.3	1.5

7.3 物探测网与剖面布设预算标准

物探测网与剖面布设预算独立于物探实物工作预算，预算标准依照表 2 计算。

7.4 物探实物工作预算标准

表 35 是针对地形等级为简单的物探预算基价，地形等级为中等和复杂的物探预算基价按表 34 相应的附加调整系数进行调整。

表 35 物探实物工作预算基价表

<table>
<tr><td>序号</td><td colspan="5">项目</td><td>计费单位</td><td colspan="5">预算基价（元）</td></tr>
<tr><td rowspan="7">1</td><td rowspan="7">浅层地震</td><td rowspan="6">反射或折射法</td><td colspan="3">敲击</td><td rowspan="6">检波点·炮</td><td colspan="5">27</td></tr>
<tr><td rowspan="5">爆炸</td><td colspan="2">陆地</td><td colspan="5">37</td></tr>
<tr><td rowspan="2">水面布点</td><td>顺流</td><td colspan="5">67</td></tr>
<tr><td>横穿</td><td colspan="5">327</td></tr>
<tr><td rowspan="2">水底布点</td><td>顺流</td><td colspan="5">193</td></tr>
<tr><td>横穿</td><td colspan="5">387</td></tr>
<tr><td colspan="10">定位费、爆炸震源费等另计</td></tr>
<tr><td rowspan="3">2</td><td rowspan="3">地质地震映像</td><td colspan="4">点测</td><td>点</td><td colspan="5">27</td></tr>
<tr><td colspan="4">连续</td><td rowspan="2">km</td><td colspan="5">21 413</td></tr>
<tr><td colspan="4">水上</td><td colspan="5">32 119</td></tr>
<tr><td rowspan="5">3</td><td rowspan="5">面波勘探</td><td colspan="2" rowspan="5">探测深度 D/m</td><td colspan="2">$D\leqslant10$</td><td rowspan="11">点</td><td colspan="5">1 440</td></tr>
<tr><td colspan="2">$10<D\leqslant20$</td><td colspan="5">2 016</td></tr>
<tr><td colspan="2">$20<D\leqslant30$</td><td colspan="5">2 592</td></tr>
<tr><td colspan="2">$30<D\leqslant50$</td><td colspan="5">3 456</td></tr>
<tr><td colspan="2">$D>50$</td><td colspan="5">4 608</td></tr>
<tr><td rowspan="6">4</td><td rowspan="6">电法勘探</td><td colspan="4">电极距 L/m</td><td>电测深</td><td>中间梯度</td><td>四极</td><td>联剖</td><td>偶极</td></tr>
<tr><td colspan="4">$L\leqslant100$</td><td>387</td><td>22</td><td>45</td><td>74</td><td>52</td></tr>
<tr><td colspan="4">$100<L\leqslant200$</td><td>491</td><td>30</td><td>59</td><td>82</td><td>59</td></tr>
<tr><td colspan="4">$200<L\leqslant400$</td><td>744</td><td>37</td><td>74</td><td>89</td><td>74</td></tr>
<tr><td colspan="4">$400<L\leqslant600$</td><td>1 130</td><td>45</td><td>89</td><td>119</td><td>104</td></tr>
<tr><td colspan="4">$600<L\leqslant800$</td><td>1 413</td><td>52</td><td></td><td></td><td></td></tr>
</table>

表 35　物探实物工作预算基价表(续)

<table>
<tr><th>序号</th><th colspan="3">项目</th><th>计费单位</th><th colspan="2">预算基价/元</th></tr>
<tr><td rowspan="12">4</td><td rowspan="12">电法勘探</td><td colspan="2">L>800</td><td rowspan="6">点</td><td>1784</td><td>59</td></tr>
<tr><td colspan="2">测点距 L/m</td><td>自电、梯度单独测量</td><td>自电、梯度同时测量</td></tr>
<tr><td colspan="2">L≤5</td><td>22</td><td>37</td></tr>
<tr><td colspan="2">5<L≤10</td><td>30</td><td>45</td></tr>
<tr><td colspan="2">10<L≤20</td><td>45</td><td>59</td></tr>
<tr><td colspan="2">L≤30</td><td>59</td><td>74</td></tr>
<tr><td rowspan="4">高密度电法</td><td>电极距 D/m</td><td rowspan="4">电极数</td><td colspan="2"></td></tr>
<tr><td>D≤1</td><td colspan="2">200</td></tr>
<tr><td>10<D≤5</td><td colspan="2">400</td></tr>
<tr><td>5<D≤10</td><td colspan="2">500</td></tr>
<tr><td colspan="5">激发极化法按地面电法相应基价乘以 2.4 的附加调整系数</td></tr>
<tr><td colspan="5">充电法按自电相应基价乘以 1.2 的附加调整系数</td></tr>
<tr><td>5</td><td>声频大地、甚低频电磁法</td><td colspan="5">按磁法Ⅰ级精度基价乘以 2.0 的附加调整系数,不足 3 个组日按 3 个组日计</td></tr>
<tr><td rowspan="5">6</td><td rowspan="5">大地电磁法</td><td rowspan="5">深度 D/m</td><td>D≤500</td><td rowspan="7">点</td><td colspan="2">1 500</td></tr>
<tr><td>500<D≤1 000</td><td colspan="2">2 000</td></tr>
<tr><td>1 000<D≤2 000</td><td colspan="2">2 500</td></tr>
<tr><td>2 000<D≤3 000</td><td colspan="2">3 500</td></tr>
<tr><td>D>3 000</td><td colspan="2">4 500</td></tr>
<tr><td rowspan="3">7</td><td rowspan="3">核磁共振找水</td><td rowspan="2">深度 D/m</td><td>D≤100</td><td colspan="2">6 424</td></tr>
<tr><td>D>100</td><td colspan="2">8 565</td></tr>
<tr><td colspan="5">如在测点 200 m 范围内增加测点,增加测点费用的附加调整系数为 0.5</td></tr>
<tr><td rowspan="2">8</td><td rowspan="2">层析成像(CT)</td><td colspan="2">弹性波</td><td>检波点·炮</td><td colspan="2">30</td></tr>
<tr><td colspan="2">电磁波</td><td>射线对</td><td colspan="2">21</td></tr>
<tr><td rowspan="4">9</td><td rowspan="4">地质雷达</td><td colspan="2">工作方式</td><td></td><td>工程勘探</td><td>路面质量</td></tr>
<tr><td colspan="2">点测</td><td>点</td><td>30</td><td>30</td></tr>
<tr><td colspan="2">连续</td><td>km</td><td>20 075</td><td>9 368</td></tr>
<tr><td colspan="5">探测深度>10 m,附加调整系数为 1.3;不足 4 个组日按 4 个组日计</td></tr>
</table>

表 35　物探实物工作预算基价表(续)

序号	项目				计费单位	预算基价/元
10	瞬变电磁	多匝小线圈			测点	6 40
		外框边长/m		$L\leqslant50$	框	6 400
				$50<L\leqslant100$		8 000
				$100<L\leqslant200$		16 000
				$200<L\leqslant300$		20 000
				$300<L\leqslant400$		26 000
				$L>400$		30 000
11	微重力勘探	点距 L/m		$L\leqslant5$	点	40
				$5<L\leqslant20$		54
				$20<L\leqslant50$		80
		不足 4 个组日按 4 个组日计				
12	地下管线泄漏探测	漏水点探测			km	5 353
		输油、输气管漏点				6 692
		供电、通讯电缆泄漏点				5 353
		防腐层完整性				5 353
		不足 3 个组日按 3 个组日计				
13	地基刚度	垂直向自由振动			参数·次	2 141
		水平向自由振动				3 212
		垂直向强迫振动				5 353
		水平回转向强迫振动				6 692
		扭转向强迫振动				9 368
		试坑开挖、模拟基础制作等费用另计				
14	测井	电测井			m	34
		水文测井				40
		孔内电视				145
		孔内摄影			点	61
		测井斜				161
		井壁取芯				161
		井温、井径测量	深度 D/m	$D\leqslant100$		21
				$100<D\leqslant300$		40
				$300<D\leqslant500$		48
				$D>500$		67

表 35　物探实物工作预算基价表(续)

序号	项目				计费单位	预算基价/元	
15	钻孔波速测试	深度 D/m			m	单孔法	跨孔法
		$D \leqslant 15$				201	281
		$15 < D \leqslant 30$				241	361
		$30 < D \leqslant 50$				321	442
		测试深度＞50 m，每增加 20 m，按前一档收费基价乘以 1.3 的附加调整系数；不足 2 个组日按 2 个组日计					
16	场地微振动(常时微动)	频率域	地面		点	6 692	
			孔深 D/m	$D \leqslant 20$		8 030	
				$20 < D \leqslant 50$		9 368	
				$D > 50$		13 383	
		频域与幅值域	地面			10 706	
			孔深 D/m	$D \leqslant 20$		12 045	
				$20 < D \leqslant 50$		14 721	
				$D > 50$		21 413	
		地面与孔中同时观测，附加调整系数为 1.3					

8　地质灾害勘查室内试验

8.1　地质灾害勘查室内试验技术工作预算标准

室内试验技术工作预算比例为 22%。

8.2　土工试验实物工作预算标准

土工试验实物工作预算基价见表 36。

表 36　土工试验实物工作预算基价表

序号	试验项目		计费单位	预算基价/元	备注
1	含水率		项	10	
2	密度	环刀法		10	
		蜡封法		22	
3	相对密度			23	
4	颗粒分析	筛析法(砂、砾)		31	
		筛析法(含黏性土)		48	
		筛析法(碎石类土)		84	现场试验
		密度计法		59	黏性土分析粒径＜0.002 mm 的，增加 12 元
		移液管法		56	

表 36　土工试验实物工作预算基价表(续)

序号	试验项目		计费单位	预算基价/元	备注
5	液限	碟式仪法	项	28	
		圆锥移法		18	
6	塑限			36	
7	湿化			28	
8	毛细水上升高度			17	
9	砂的相对密度			62	
10	击实	轻型击实法		383	
		重型击实法		766	
11	渗透			66	黏土类、粉土类
				35	砂土类
12	标准固结	快速法		317	测回弹指数附加调整系数为 1.3
		慢速法		596	
13	压缩	快速法		48	以四级荷重为基数，每增加一级荷重，快速法增加 12 元，慢速法增加 15 元
		慢速法		139	
14	黄土湿陷系数			64	
15	黄土自重湿陷系数			28	
16	黄土自重起始压力	单线法		164	5 个环刀试样
		双线法		67	2 个环刀试样
17	三轴压缩（低压≤600 kPa）	不固结不排水	组	496	
		固结不排水		930	
		固结不排水测孔压		1116	
		固结排水		1488	
18	无侧限抗压强度	应变法	项	35	重塑土试验增加制备费 17 元
		测灵敏度		67	
19	直接剪切	快剪	组	59	重塑土试验增加制备费 30 元
		固结快剪		85	
		固结慢剪		119	
20	反复直剪强度			160	
21	自由膨胀率		项	17	
22	膨胀率			32	
23	膨胀力			43	
24	收缩	线缩、体缩、缩限		67	
25	静止侧压力系数			310	

表 36　土工试验实物工作预算基价表(续)

序号	试验项目		计费单位	预算基价/元	备注
26	有机质	铬酸钾容量法	项	36	
27	含盐量			115	
28	易溶盐			432	
29	腐蚀性			173	
30	酸碱度			29	
31	大容重			288	
32	黏度系数			360	
33	振动三轴(低压≤600 kPa)	动强度(包括液化)(一)	组	5 209	1 种固结比
		动强度(包括液化)(二)		10 915	3 种固结比
		动模量阻尼比(一)		1 736	1 种固结比，1 个重度
		动模量阻尼比(二)		4 217	3 种固结比

8.3　水质分析实物工作预算标准

水质分析实物工作预算基价见表 37。

表 37　水质分析实物工作预算基价表

序号	试验项目		计费单位	预算基价/元	备注
1	水质简分析(pH 值、游离二氧化碳、侵蚀性二氧化碳、总硬度、暂时硬度、永久硬度、总碱度、硫酸离子、氯离子、钙离子、镁离子)		件	264	
2	一般水质全分析(颜色、透明度、pH 值、游离二氧化碳、氧消耗量、全固型物、悬浮物、溶解固形物、钙离子、镁离子、钠离子＋钾离子、铁离子、铝离子、氧化铁＋氧化铝、氯离子、硫酸离子、硝酸离子、重碳酸离子、碳酸离子、溶硅、全硬度、碳酸盐硬度、非碳酸盐硬度、甲基橙碱度、酚酞碱度、电导率、全硅)			456	
3	特殊水质分析	锌、钡、锂、锶、硅、硼、汞、硒、铬、镉、钴、镍、钼、钒、铅、铜、COD_{Cr}、CN^-	项	86	污水样测试费上浮 100%～200%
4		钾、钠、钙、镁、铝、铁、锰、氟、总硬度、NH_4^+、NO_3^-、HCO_3^-、SO_4^{2-}、CL^-		58	
5		氰化物		45	
6		碘化物		39	
7		电导率		72	
8		氢、氧同位素		200	

8.4 现场室内试验

土工、水质、岩石室内试验需移至现场进行的，附加调整系数为1.3；设备进出场及安装费用另行计算。

8.5 岩石实验

岩样加工实物工作预算基价见表38，岩石物理力学试验实物工作预算基价见表39。

表38 岩样加工实物工作预算基价表

<table>
<tr><th>序号</th><th colspan="2">试验项目</th><th>计费单位</th><th>预算基价/元</th></tr>
<tr><td rowspan="5">1</td><td rowspan="5">机切磨规格/mm</td><td>φ50～φ70 岩芯</td><td rowspan="8">块</td><td>18</td></tr>
<tr><td>50×50×50</td><td>34</td></tr>
<tr><td>50×50×100</td><td>36</td></tr>
<tr><td>70×70×70</td><td>41</td></tr>
<tr><td>100×100×100</td><td>66</td></tr>
<tr><td>2</td><td>不能机切手工切磨/mm</td><td>50×50×50</td><td>36</td></tr>
<tr><td>3</td><td>机开料/mm</td><td>50～200</td><td>15</td></tr>
<tr><td>4</td><td>机磨</td><td>每两面</td><td>13</td></tr>
<tr><td rowspan="2">5</td><td rowspan="2">薄片切磨</td><td>不煮胶</td><td rowspan="2">片</td><td>26</td></tr>
<tr><td>煮胶</td><td>57</td></tr>
</table>

表39 岩石物理力学试验实物工作预算基价表

<table>
<tr><th>序号</th><th colspan="2">试验项目</th><th>计费单位</th><th>预算基价/元</th><th>备注</th></tr>
<tr><td>1</td><td colspan="2">含水率</td><td>项</td><td>29</td><td rowspan="6"></td></tr>
<tr><td>2</td><td>颗粒密度</td><td>比重瓶法</td><td>组</td><td>45</td></tr>
<tr><td rowspan="3">3</td><td rowspan="3">块体密度</td><td>水中称量法</td><td rowspan="3">块</td><td>13</td></tr>
<tr><td>量积法</td><td>13</td></tr>
<tr><td>蜡封法</td><td>17</td></tr>
<tr><td>4</td><td colspan="2">吸水率</td><td rowspan="9">组</td><td>45</td></tr>
<tr><td>5</td><td colspan="2">饱和吸水率</td><td>112</td><td>每组 3 块</td></tr>
<tr><td>6</td><td colspan="2">自由膨胀率</td><td>29</td><td rowspan="4"></td></tr>
<tr><td>7</td><td colspan="2">崩解</td><td>115</td></tr>
<tr><td>8</td><td colspan="2">莫氏硬度</td><td>144</td></tr>
<tr><td>9</td><td>液塑限</td><td>岩石粉末</td><td>144</td></tr>
<tr><td rowspan="3">10</td><td rowspan="3">单轴抗
压强度</td><td>天然</td><td>45</td><td rowspan="3">每组 3 块</td></tr>
<tr><td>饱和</td><td>67</td></tr>
<tr><td>伺服</td><td>150</td></tr>
</table>

表 39 岩石物理力学试验实物工作预算基价表(续)

序号	试验项目		计费单位	预算基价/元	备注
11	单轴压缩变形	干	组	178	每组 3 块
		饱和		224	
12	三轴压缩强度	常规		730	每组 5 块
		伺服		2 500	
13	抗拉强度			115	每组 3 块
14	直剪	岩块、岩石与混凝土	块	258	每组 5 块
		伺服		2 500	
		结构面		277	
15	点荷载强度		块	72	15
16	抗剪断强度			216	16
17	抗剪切强度			86	抗剪切强度
18	抗折强度			115	抗折强度
19	冻融 直接		组	2 357	
20	薄片鉴定		件	50	
21	弹性抗力系数		块	288	
22	波速		组	288	
23	压碎值		块	216	

表 40 岩石化学分析实物工作预算基价表

序号	试验项目		计费单位	预算基价/元
1	易溶盐	重量法	项	127
		电导法		57
2	中溶盐	中和容量法		75
3	难溶盐			79

附　录　A
（资料性附录）
地质灾害勘查预算汇总表

地质灾害勘查预算汇总表见表 A.1。

表 A.1　地质灾害勘查预算汇总表

工作项目	预算额/元	备注
总计		
一、地质灾害测量		
二、地质灾害调查与测绘、勘探		
三、地质灾害监测		
四、地质灾害勘查工程物探		
五、地质灾害勘查室内试验		

审核人（签名）：　　　　制表人（签名）：

附　录　B
（资料性附录）
地质灾害勘查预算明细表

地质灾害勘查预算明细表见表B.1。

表B.1　地质灾害勘查预算明细表

工作项目	技术条件	计量单位	预算基价/元	实物工作调整系数	气温调整系数	高程调整系数	预算额/元	备注
总计								
一、地质灾害测量								
（一）地表测量								
控制测量								
三角（边）测量								
……								
地形测量								
断面测量								
地表测量费用小计								
（二）水域测量								
湖、江、河、塘、沼泽地、积水区								
……								
水域测量费用小计								
（三）地下管线探测								
……								
地下管线探测费用小计								

表 B.1 地质灾害勘查预算明细表(续)

工作项目	技术条件	计量单位	预算基价/元	实物工作调整系数	气温调整系数	高程调整系数	预算额/元	备注
(四)洞室测量								
……								
洞室测量费用小计								
(五)低空摄影与遥感								
……								
低空摄影与遥感费用小计								
(六)摄影测量与遥感测绘								
……								
摄影测量与遥感测绘费用小计								
(七)其他测量								
……								
其他测量费用小计								
二、地质灾害调查与测绘、勘探								
(一)调查与测绘								
带状调绘								
……								
(二)勘探与原位测试								
钻探								
井探								
槽探								
取土、水、石试样								
……								
原位测试								
(三)水文调查及水文地质勘查、现场测试								
地质灾害调查与测绘、勘探费用小计								

表 B.1　地质灾害勘查预算明细表(续)

工作项目	技术条件	计量单位	预算基价/元	实物工作调整系数	气温调整系数	高程调整系数	预算额/元	备注
三、地质灾害监测								
监测基准网								
变形监测								
……								
地质灾害监测费用小计								
四、地质灾害勘查工程物探								
浅层地震								
地质地震映像								
面波勘探								
……								
地质灾害勘查工程物探费用小计								
五、地质灾害勘查室内试验								
(一)土工试验								
常规								
含水率								
……								
(二)水质分析								
水质简分析								
一般水质分析								
……								
(三)现场室内试验								
……								
(四)岩石试验								
岩样加工								
……								
地质灾害勘查室内试验费用小计								

审核人(签名):　　　　制表人(签名):

附　录　C
（资料性附录）
地质灾害勘查预算汇总表

地质灾害勘查预算汇总表见表 C.1。

表 C.1　地质灾害勘查预算汇总表

工作项目	直接费合计/元	收费比例/%	预算额/元	备注
总　计				
一、地质灾害测量		22		
二、地质灾害调查与测绘勘探		120		
三、地质灾害监测		33		
四、地质灾害勘查工程物探		33		
五、地质灾害勘查室内试验		22		

审核人（签名）：　　　　　　　　　　制表人（签名）：